項鍊小飾集

人氣手作家の植感選品 **20**

Natural Style
Handmade Necklaces

Contents

Metalsmith Necklace
採集森林系的金工項鍊

金工是金屬工藝的統稱，
透過多道工序細細琢磨，
金屬媒材雖然生硬，
卻能以不同的加工方式變化成各種樣貌。
經過雙手細心研磨的作品，
溫柔地處理每一個細節，
最終都會閃閃發亮！

Profile

潘惠欣

暖果 kajitsu jewelry

於 2019 年創立暖果 kajitsu jewelry，現為品牌設計師與金工講師。

具有多年講師資歷，喜歡透過教學傳遞屬於金工的魅力。

創作以金工飾物與植物結合，造型設計富有日系插畫風格，期望給人平易近人又溫暖的感覺。擷取植物特有的姿態，重現在金屬飾品上，承載著養分，結出一顆顆溫暖果實。

 暖果 kajitsu jewelry   @kajitsu.jewelry

採集植物特徵種植在飾品上，結出溫暖的果實

大學初次接觸到金工，便一頭栽入這項迷人的工藝。畢業後首次從事金工講師的工作，發現除了鑽研技術之外，我更享受與學生的互動交流，也常有學員回饋說我的教學有溫暖的感覺！也因為這樣的工作經驗，讓我更想完成自己的創作，因而在心中埋下想創立品牌的種子，希望這種上課和諧的暖流，可以透過作品延續下去。

某次因緣際會下踏入了植栽的坑，開始學習如何照顧植物，也從中觀察其細節與姿態。在照護的過程中，細細欣賞每個新生的小嫩芽與葉片，偶爾低潮不安的情緒，也因此被植物給療癒了。而這樣的好心情，也希望能夠感染更多人，便將自身喜歡的兩件事物結合，結出了「暖果 kajitsu jewelry」這個品牌。

Kajitsu（かじつ）是果實的日文，我常笑稱自己是「果農」，因為每個作品就像是由我結出的果子，採集一段植物特徵並種植在飾品上，結出一顆溫暖的果實，希望佩戴這顆果實的人，可以想起那份心裡的溫暖，從中發芽茁壯。

除了植物的創作外，我的作品也常出現果實的意象：橡果、栗子及水杉等……選用各種金屬媒材，透過鋸切、焊接、銼修、研磨等不同的技法，過程中藉著雙手與火焰的升溫，掌控並觀察每處細節，重現植物的有機型態，將冰冷生硬的金屬轉化成溫潤細緻的飾品。

項鍊作為日常中最好的陪襯，不僅可以輕易妝點穿搭，也能帶給自己美好心情。墜飾藉由搭配不同樣式的鍊子，就能輕鬆穿梭在不同場合，突顯自己的個人特質，並賦予閃耀與獨特的氣質。

書中挑選的作品涵蓋了金工不同的製程，從最基本的鋸切、線材成型、焊接到脫蠟鑄造，能深入理解其中的各個面向，完成平面及立體的各種墜飾。且初學者都能輕鬆上手，輕鬆享受過程帶來的成就感，希望你也能一同體會金工與植物的美好！

Metalsmith Necklace

盛夏仙人掌

說到夏天，第一印象就是仙人掌了！

夏季同時也是它們的生長季節，

以黃銅來表現被太陽照射而閃閃發光的模樣，

透過鋼印排列組合，敲上喜歡的刺座及線條，

一高一低的雙手，像是正在開心地擺手對你打招呼！

直挺挺的型態，彷彿代表強韌的毅力，

不論生活中有多少困難，

都能陪著你一起面對，一起面向陽光！

Cactus in summer

Metalsmith Necklace

Chestnut
Metalsmith Necklace

森林系栗子

總會想像在秋天時走進森林裡，
腳下可能會發現意外的小驚喜——圓滾滾的栗子，
使用鋸切鏤空技法呈現，
將栗子的種皮以簡單的線條表現出來，
像是畫框一樣，
將果實最完整的面貌裱在圓框中，
透出的鏤空能與穿著的服裝作出映襯，
使栗子造型更加顯眼，
佩戴在身上，呈現溫暖可愛的氣質，
彷彿親自去森林採集了一番。

植感花圈

透過銀線編織、纏繞成型，
製成一個麻花造型的花圈，
擷取喜愛的植物姿態，
轉換成日系插畫的風格，
沿著邊緣仔細鋸切，
安放在圈上喜歡的位置，
啟動熱熱的火焰，
將葉片與花圈緊密地焊接在一塊。
想像自己被植物環繞，
彷彿真正擁有它們一樣，
靜靜待在一個幽靜的小世界，
充滿著優雅氣息的項鍊，
陪著你一起迎接每個溫暖的時刻。

Wreath

Metalsmith Necklace

Mini Acorn
Metalsmith Necklace

迷你橡果

圓潤的果實悄悄生長，
等待著豐收之秋的來臨。
採集樹林中最可愛的元素——松鼠的小點心！
以軟蠟技法，手捏出果實的立體模樣。
每個人都能製作出屬於自己的獨特果子，
每一個都擁有獨一無二的美好。
手工細緻的迷你果實，
呈現小小清新優雅氛圍。
戴上芳醇的果實，
將秋天的氣息一併採收，
讓可愛的小橡果陪伴在身邊，
隨時都像身處在森林之中，
時時刻刻地被療癒著……

Herbarium

Metalsmith Necklace

永恆植物標本

紀錄大自然最美好的瞬間，
觀察其中綻放的感動，
透過蜜蠟完整地保留實物原樣，
鑄造出相同的金屬物件。
像製作標本一般，
保存植物此刻的樣貌，
復刻曾存在於生活中的美好事物，
轉化成隨身的配飾，
如此一來，植物即擁有了永恆的迷人姿態，
成為一種幸福的陪伴。
珍藏這柔美曲線，
一起清晰地感受山林的美。

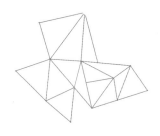

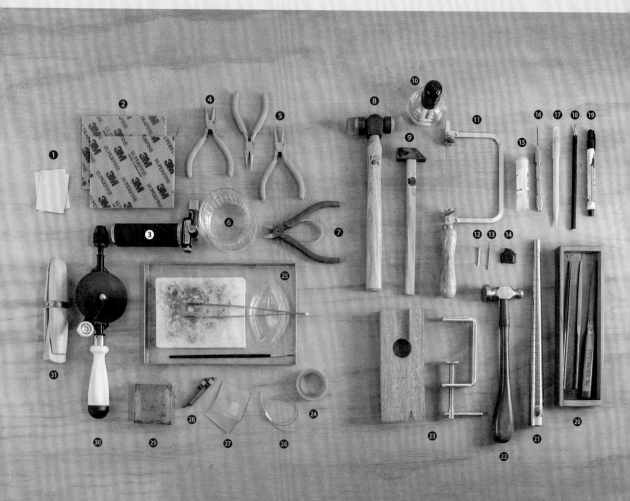

基本工具&材料 ▶▶▶▶▶◀◀◀▶▶▶◀◀◀▶▶▶◀◀◀▶▶▶▶▶

1. 砂紙
2. 海綿砂紙
3. 日製火槍
4. 尖嘴鉗
5. 圓口鉗
6. 冷卻水杯
7. 斜口剪鉗
8. 橡膠槌
9. 五分槌

10. 酒精燈
11. 鋸弓
12. 釘子（中心衝）
13. 粗柄鑽針
14. 手捏蠟塊
15. 口紅膠
16. 雙頭束鉗
17. 筆刀（美工刀）
18. 鉛筆

19. 奇異筆
20. 銼刀
21. 戒圍棒
22. 圓頭槌
23. 銼橋
24. 紙膠帶
25. 焊接盤
　（耐火磚‧助焊劑‧
　圭筆‧焊接夾）

26. 1mm 銀線
27. 1mm 黃銅片‧
　 0.8mm 銀片
28. 鋼印
29. 鐵鑽
30. 手搖鑽
31. 木戒夾

原寸紙型 ▶▶▶▶▶◀◀◀▶▶▶◀◀◀▶▶▶◀◀◀▶▶▶◀◀◀▶▶▶▶▶

請以紙描繪或影印後剪下，當作金屬的版型使用。

盛夏仙人掌

材料與工具

鋸弓・五分槌・銼橋・鐵鑽・砂紙・海綿砂
紙・鋼印・釘子（中心衝）・紙膠帶・口紅膠・
1mm 黃銅片

Cactus in summer

01 使用口紅膠將紙型牢牢貼在黃銅片上。

02 留意鋸絲方向，鋸齒三角方向需朝下。

03 將鋸絲安裝在鋸弓上。鋸絲上下的空白兩端平均分配在鋸弓的鐵片處，先鎖緊上方。

04 下端鋸絲放好後，用身體的力量向前抵住鋸弓把手，往前擠壓再鎖緊下方，鋸弓恢復原來的形狀後產生張力，鋸絲就會跟著繃緊。

05 將材料放在銼橋三角缺口處，沿造型邊緣鋸切，將鋸弓垂直上下拉動前進。

06 如遇到轉折處，需持續拉動鋸弓，慢慢轉動金屬片，作出轉彎的空間。

07 沿線進入鋸下圓形，作為穿入項鍊的鏤空。

08 將紙型取下。

09 以半圓銼刀的平面銼修黃銅片的邊緣，方向維持往前出力銼修，將造型修至平整。（注意銼刀不要來回出力使用）

10 將物件放在鐵鉆上，以鋼印與五分槌平面，平均施力敲打鋼印製作花樣。

11 以X、I字型的鋼印及鐵釘排列，作為仙人掌的刺座。

12 以砂紙來回研磨邊緣及表面，直至摸起來滑順的程度。

13 鏤空處穿入銀鍊即完成。

森林系栗子

材料與工具

鋸弓・五分槌・銼橋・鐵鑽・手搖鑽・銼刀・
口紅膠・釘子（中心衝）・粗柄鑽針・紙膠帶・
1mm 黃銅片・砂紙・海綿砂紙・尖嘴鉗・C 圈

Chestnut

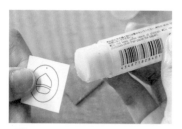

01 使用口紅膠將紙型牢牢貼在黃銅片上。

02 以鐵釘在需鑽孔處（栗子造型及串圈處）敲打定位。

03 先將手搖鑽的圓盤齒輪稍微固定，再調節夾頭處的鬆緊程度。

04 垂直放入粗柄鑽針後鎖緊。

05 將材料置於銼橋上，以紙膠帶貼牢固定。

06 手搖鑽擺放垂直，鑽針輕輕放入黃銅片上以鐵釘定位的凹洞中。

07 向前轉動圓盤把手，鑽針即會往下鑽孔。輕輕扶著扶手即可，不需向下施力。鑽洞完成後，以反方向轉動圓盤把手，並將手搖鑽向上取出。

08 將鋸弓下端鎖片鬆開，黃銅片的圖面朝上，將鋸絲穿入剛剛的鑽孔處。

09 將鋸絲鎖回鋸弓後，沿線條開始鋸切，完成後鬆開下方鋸弓鎖片，卸下物件。

10 接著穿入另一部分圖案處，完成下半圖的鋸切。

11 以半圓銼刀的平面，往前修整造型。（也可使用三角或圓形銼刀伸進鏤空處銼修）

12 以砂紙來回研磨邊緣及表面，直至摸起來滑順的程度。

13 以海綿砂紙順向往前研磨（無字面為研磨面），使表面成為光滑亮面。

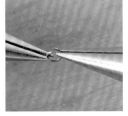

14 以尖嘴鉗將C圈上下扳開。

15 C圈套上物件孔洞位置，穿上項鍊後再將圈環密合。

16 完成。

植感花圈

材料與工具

鋸弓・橡膠槌・戒圍棒・銼橋・鐵鉆・焊接盤
（耐火磚・助焊劑・圭筆・焊接夾）・日製火槍・
木戒夾・尖嘴鉗・斜口剪鉗・冷卻水杯・銼刀・
口紅膠・0.8mm 銀片・1mm 銀線

Wreath

01 將紙型以口紅膠貼至銀片上，以鋸弓沿線條鋸下葉子。

02 以銼刀修整形狀，再使用砂紙研磨至平滑。

03 將銀線對摺，以木戒夾夾住開口，尾端再放入插銷固定。

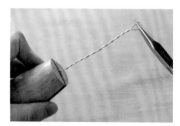

04 以尖嘴鉗固定銀線一端，左手持續轉動木戒夾，銀線便會纏繞編織成麻花造型。

05 將銀線置於耐火磚上，以火焰尖端加熱至退火狀態（銀線變成霧白色），放入水中降溫後擦乾。

06 以戒圍棒繞成自己想要的圓圈大小。

07 將整段線段以橡膠槌敲打，直至貼合戒圍棒。

08 以鋸弓將麻花線段重疊處鋸下。

09 將接縫以手密合後，將助焊劑塗至麻花圈的接口處。

10 以斜口剪鉗將銀焊線剪成約1mm大小。

11 將一片焊片放至耐火磚上，再將麻花接縫處放在焊片上方。（接縫處將焊片壓住）

12 以火焰尖端繞圓加熱麻花圈，直至焊片融化成液狀填滿接縫，即可關火，並將圈環放入水中降溫後擦乾。

13 接著將葉片正面朝下，疊上焊接好的麻花圈環（麻花的焊接點放置與葉片同側），將接觸面塗上助焊劑，並放一片焊片在兩者之間。

14 以火焰尖端繞圈加熱兩個物件，直至焊片發亮融化，即可關火，並將物件放入水中降溫後擦乾。

15 以海綿砂紙將整體研磨至亮面，穿上銀鍊後即完成。

迷你橡果

材料與工具

砂紙・海綿砂紙・木戒夾・尖嘴鉗・斜口剪鉗・
銼刀・酒精燈・打火機・雙頭束鉗・筆刀（美
工刀）・鉛筆・手捏蠟塊・蠟線

Mini Acorn

01 將蠟塊剝小塊分出不同部件
（橡果、果皮、蒂頭）。

02 以手指溫熱蠟塊後，以指腹捏
塑成圓形。每個部件都先捏成
圓形，表面需為光滑無刮痕。

03 以木頭鉛筆的圓頭處，輕壓圓
形蠟塊，塑形成碗狀，作為橡
果的果皮。

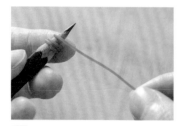

04 將蠟線由下往上，纏繞在鉛筆
尖端處。

05 以筆刀將蠟線輕輕切斷。

06 即可得到不同大小的圈環，作
為項鍊的墜頭。

07 共完成4個物件。（圈環、蒂頭、果皮、橡果）

08 將物件輕輕固定，接著進行熔接。以酒精燈加熱雙頭束鉗的針端，再以加熱後的針輕碰接合處，蠟遇到熱會融化，即完成固定。

09 以相同方式依序接上其他物件，圈環開口處需保持開放並朝上。以軟布或海綿包裝完成的軟蠟物件，送至鑄造廠進行脫蠟鑄造。

10 鑄造完成的物件上會有凸起的澆注口，以剪鉗剪下。

11 以木戒夾固定物件，以銼刀修整澆注口，順著形狀銼修直至平整。

12 以砂紙來回研磨，直至表面無刮痕且平滑。

13 以海綿砂紙將整體研磨至亮面，圈環穿上銀鍊後密合即完成。

永恆植物標本

材料與工具

砂紙・海綿砂紙・斜口剪鉗・銼刀・酒精燈・
打火機・雙頭束鉗・筆刀（美工刀）・鉛筆・
蜜蠟・蠟線・乾燥植物・可加熱的容器・加熱
器（或置於電磁爐）

Herbariu

01 將蜜蠟置於容器中，以加熱器加溫，直至蜜蠟融化成液態。

02 成品為實物鑄造製作，可以選擇喜歡的乾燥花、乾燥果實，或是能被燒成灰燼的物件，如：紙張、毛線等。

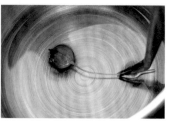

03 以鑷子夾取物件浸入蜜蠟中。

04 表面均勻裹上蜜蠟即可。（蜜蠟不能裹太薄，鑄造後表面可能會破損）

05 以熔接方式接上蠟線製作的圈環，圈環開口處保持開放並朝上。（請參考迷你橡果的步驟4至9）

06 將物件送至鑄造廠進行脫蠟鑄造。

07 完成鑄造的成品。

08 以銼刀及砂紙修整澆注口。

09 圈環穿上銀鍊後密合，即完成。

鑄造廠資訊

至生飾品（呂國雄）

台北市松江路361號7樓
02-2518-4727

全亞銀鈦鑄造（李昇財工作室）

新北市中和區立德街15號6樓
02-2222-2345

Leather Necklace
繽 紛 花 朵 系 的 皮 革 項 鍊

不在城市的時候，

就往山林或野地裡探索。

大自然中的花草植物，

那獨一無二的造型，

總是為我們帶來各式各樣的靈感。

這一次想呈現的是不同花朵的魅力，

雖然都是花兒，

但卻有著不同造型的花瓣、堅硬或柔軟的質感⋯⋯

以植鞣皮革重塑關於花的記憶，

讓專屬於某個季節的花

也能在胸前佩戴久久⋯⋯

Profile

孃孃 murmur

f 孃孃 murmur　　🅾 @mamamurmurai

創作的初心是，在活著的時候放慢腳步、觀察內在、用心呼吸並感受生活的養分。

以植物為靈感來源，在生活中尋找能納入創作的元素，將那些被忽略的微小植物收集觀察之後，以植鞣皮革為媒介，仿造植物結構再現，經過十幾道繁複的手工工序，製作出專屬的自然系革飾。

以臺灣常見的植物為靈感，如：臺灣欒樹、苦楝、蕨類和鹿角蕨等，以手工剪裁、染色、塑形……構築成不同姿態，佩戴其身，讓人彷彿置身山林野地。

「來自日常生活之所見所感」

項鍊，很容易隨著人的擺動，有自然的晃動感，如同樹上的花朵凋萎落下時，有著隨風起舞的感覺。因此這一次的創作，便以各式各樣的花朵為題，想要展現的是不同於綠葉或植栽的細膩婉約。

平常我們喜歡簡約的服裝風格，因此項鍊也偏好素雅簡潔的款式。加入一些大自然元素，如花、草、葉、石頭、戶外的自然景致等，如此一來，就算不在自然中，也彷彿佩戴著自然……另一個小偏好是天然石，深藏於地底幾萬年的礦石，有著不同的色彩與變化，每一顆都是獨一無二的，以自然界中的礦藏加入項鍊中，讓胸前隨時都能閃閃發亮呢！

這次的五種花朵項鍊，靈感都來自於日常生活之所見所感。

吊鐘花有著小精靈般的造型，花朵本尊是紫紅色的，感覺比較中國風，因此在創作時，改成了白色系的花瓣與配色，想呈現出清雅透亮的氛圍。

雪山花則是幻想中的花朵。平常就很喜歡爬山，也很嚮往日本的富士山，在一次旅途中仔細觀察了山頂上的積雪與山脈的稜角，覺得山頭白白的相當可愛，便以皮革來模擬，以多片的造型製作出花瓣的感覺，再加上珍珠花蕊，彷彿有種在雪地裡找到的珍寶的心情！

火鶴是極具個性的一種花卉，長相也相當獨特，在我們的想像中，很適合中性打扮的人來佩戴。而五月的代表花卉——桐花，包含了旅途中的回憶，在九份的路上遇見了滿地雪白的桐花，就像春天的一場雪，具有濃厚的季節感。茶花是之前商品中的經典款，但原本是設計成耳環，改成項鍊後也有別具一格的美感！

以花為主題的系列作品，光是觀看著，心情就很愉悅，佩戴不同的花朵時，好像也會有不一樣的心情。希望這些來自日常中靈感的植物，也能為你的生活帶來不同以往的變化！

Creative Ideas

Lady's eardrops
Leather Necklace

吊鐘花項鍊

生長在寒冷地帶的吊鐘花，
低垂的樣態，如同隨風搖曳的小鈴鐺，
或是隨風起舞的芭蕾女伶。
當花期到來時，一朵一朵接著盛開，
更像是張燈結綵的小燈籠！
一朵小花就能帶來無盡的想像空間，
或許佩戴著它的你也能創意無限！

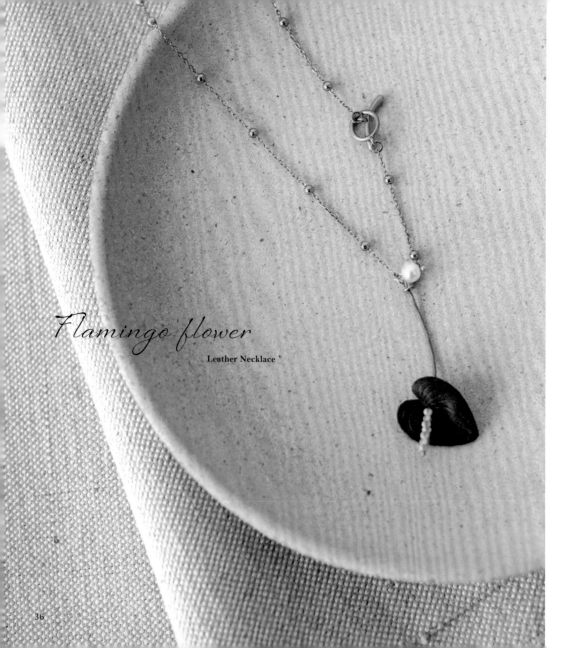

Flamingo flower

Leather Necklace

火鶴項鍊

具有濃濃熱帶風情的火鶴
火紅的肉質苞片，
造型就像似一顆火紅的心，
而花語即為燃燒的心。
將自己的心佩戴在身上，
是一個美麗的裝飾，
彷彿也誠實地獻出了自己的心。

Tung Tree
Leather Necklace

油桐花項鍊

滿天落下的桐花雨，
輕盈飄渺，如同白雪紛飛，
是五月最美的風景。
早年是重要的經濟作物，
現已成為浪漫的一旬色彩，
並帶著悲傷的美麗傳說。
作成一簇簇的花朵模樣
繫在頸項間，
期望愛人們都能永不分離。

Snow mountain

Leather Necklace

雪山花項鍊

這是一款幻想中的花朵，
以手工水染油染和反覆拋光，
在頂端刷上一點點雪花，
再將花瓣塑形出山脈的感覺，
這是我們想像的雪山景致。
也許高貴，也許孤獨；
令人難以忽略地深刻烙印在心底。
即使無人看到她的美麗，
她還是不畏風雪的獨自芬芳。

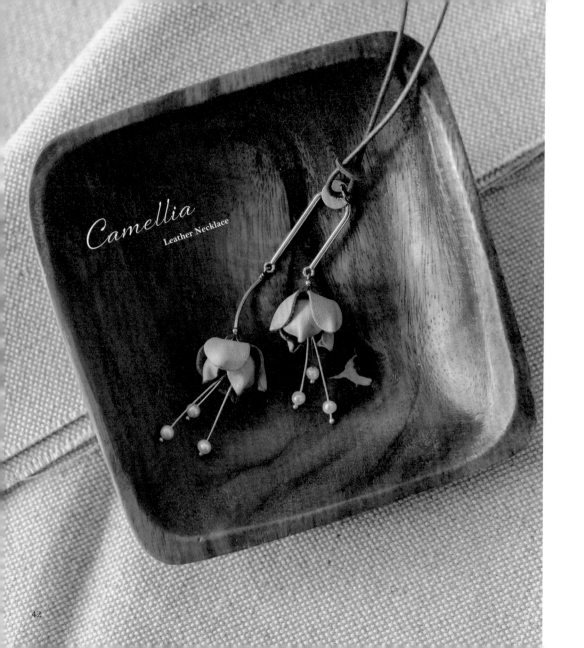

Camellia

Leather Necklace

茶花項鍊

以自然界中的植物們當作靈感，
是獨家的仿生模擬謬思。
串起清甜的台式仙氣，
一簇簇的茶花搭配天然珍珠，
遠看好像天上的繁星閃爍，
煞是可愛！

基本工具 & 材料 ▶▶▶▶▶▶▶▶ ▶▶◀▶▶▶▶▶ ◀▶▶▶▶▶▶

1. 塑形棒	7. 尺	13. 剪口鉗	19. 手縫針
2. 畫線筆	8. 丸斬	14. 圓口鉗	20. 上蠟尼龍線
3. 水彩筆	9. 四菱斬	15. 木槌	21. 噴霧瓶
4. 打火機	10. 剪刀	16. 日製皮革染料	
5. 調色盤	11. 筆刀	17. 美工刀	
6. 膠板	12. 平口尖嘴鉗	18. 皮革強力膠	

原寸紙型 ▶▶▶▶▶◀◀▶▶▶▶▶ ▶▶◀◀▶▶▶▶▶ ◀◀▶▶▶▶▶▶▶▶

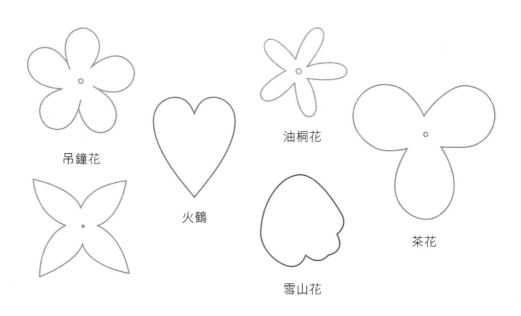

吊鐘花

火鶴

油桐花

茶花

雪山花

請以紙描繪或影印後剪下，當作皮革的版型使用。

吊鐘花項鍊

材料與工具

植鞣皮革 · 剪刀 · 白色皮革油質染料 · 塑形棒 · 硬化劑 · 手工藝用的花蕊 · 繡線 · 黃銅9字圈 · 貝殼玉 · 黃銅珠 · 草莓晶 · S型黃銅 · 黃銅C圈 · 黃銅絲 · 黃銅鍊 · 圓口鉗 · 平口尖嘴鉗 · 剪口鉗 · 針狀圓斬

Lady's eardrops

01 依吊鐘花版型,以畫線筆畫在植鞣皮革上,兩種版型各剪出一片花瓣。

02 於花瓣中心以針狀圓斬打洞。

03 沾上白色皮革油質染料塗在原色皮革表面,可以依自己喜好多塗幾層,讓白色更顯色。

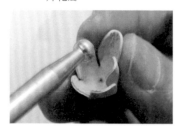

04 在染色的過程中,將花瓣以塑形棒輔助塑形。

05 手指稍微重捏重疊的花瓣,將其作成花朵造型。

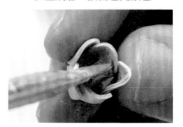

06 花朵內部塗上硬化劑,並平放晾乾。

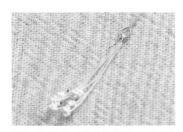

07 準備手工藝用的花蕊，對摺後穿在黃銅九字圈，並於頂端以細黃銅絲綁緊固定。

08 將草莓晶和S型黃銅，以9字針結合成三角狀。

09 於穿入花蕊的黃銅9字圈上依序穿過花瓣、貝殼玉和黃銅珠，並將黃銅線尾端作出九字圈。

10 將步驟8與9的零件連接在一起，固定在黃銅鍊上，即完成。

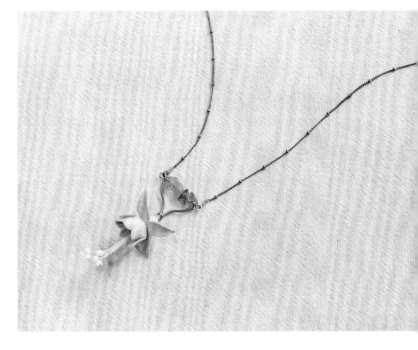

火鶴項鍊

材料與工具

植鞣皮革 · 剪刀 · 皮革專用紅色染料 · 錐子 · 固色劑 · 硬化劑 · 黃色珠珠 · 6cm 長的黃銅圓珠針 · 黃銅珠 · 綠色繡線 · 小珍珠 · 黃銅鍊 · 圓口鉗 · 平口尖嘴鉗 · 剪鉗 · 筆刷 · 畫線筆 · 棉布 · 針狀圓斬 · 塑形筆刀

Flamingo flower

01 依火鶴版型，以畫線筆畫在植鞣皮革上，剪出一枚像愛心形狀的苞片。

02 以棉布染上皮革專用紅色染料，以疊色的方式製造出顏色層次效果。

03 以塑形筆刀劃線，力道由重到輕，從苞片根部劃向邊緣，劃出放射狀的線條紋理。

04 以食指與大拇指先塑形後，微微調整苞片展開的立體感。

05 皮革正面塗上固色劑，背面則塗上硬化劑，等待乾燥。

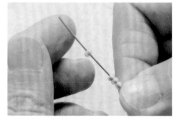

06 穗狀花序以黃色珠珠排列來呈現，並穿在6cm長度的黃銅圓珠針上。

07 將珍珠穿入圓珠針後，另一端製作9字圈。

08 於花瓣上端中心以針狀圓斬打出小洞。

09 將花序的圓珠針依序穿上紅色苞片和黃銅珠。

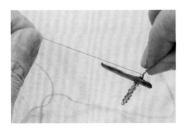

10 將綠色繡線在黃銅針上打結後開始纏繞，作成花莖的感覺。

11 結尾打結固定後，多餘的銅線作成9字圈。

12 將火鶴頭尾接上黃銅鍊兩端，並加上小珍珠裝飾，即完成。

油桐花項鍊

材料與工具

白色植鞣皮革 · 棉花棒 · 粉色及黃色皮革專
用染料 · 噴霧瓶 · 塑形棒 · 塑形筆刀 · 平
壓工具 · 裝飾鍊 · 黃銅鍊 · 硬化劑 · 施華
洛世奇珍珠 · 黃銅花托 · 黃銅九字圈 · 圓口
鉗 · 平口尖嘴鉗 · 剪鉗 · 畫線筆 · 針狀圓
斬 · 橢圓形五金 · 黃銅圓珠針 · 捷克水滴珠

Tung tree

01 依桐花版型，畫在植鞣皮革
上，剪出三朵白花花瓣。

02 以針狀圓斬於花瓣中心打洞。

03 以棉花棒沾粉色及黃色皮革專
用染料，點在花中心作成花蕊
意象。

04 噴水後以塑形棒壓在花瓣上，
使其呈凹陷弧度。

05 以塑形筆刀沿著中心劃出放射
狀花瓣紋理後，以手指稍微重
捏，塑出花朵造型。放在一旁
晾乾。

06 花瓣晾乾後塗上硬化劑定型。

07 以圓珠針組裝施華洛世奇珍珠，並穿入花瓣。

08 加上黃銅花托後作成9字圈。

09 將水滴珠加上裝飾鍊，並與花朵一起裝上橢圓形五金。另一端串上LOGO銅片與C圈，加上鍊條即完成。

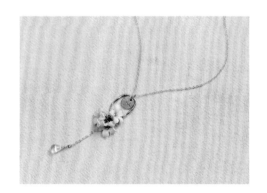

雪山花項鍊

材料與工具
植鞣皮革 ‧ 皮革專用藍色染料 ‧ 白色皮革油
質染料 ‧ 天然珍珠球 ‧ 黃銅圓珠針 ‧ 皮繩 ‧
夾環工具 ‧ 龍蝦釦 ‧ 延長鍊 ‧ 畫線筆

Snow mountain

01 依雪山花瓣版型，以畫線筆畫
在植鞣皮革上，共六片花瓣。

02 沿著畫線記號分別剪下。

03 染上皮革專用藍色染料，以棉布
包裹海綿沾取顏料，並以堆疊
的方式上色，正背面皆上色。

04 將海綿沾上白色油染，輕輕疊
在花瓣頂部，形成漸層質感。

05 於半乾狀態下，以雙手輕輕擠
壓皮革，仿造出花瓣自然的皺
褶感。

06 於花瓣正面以畫筆塗上固色
劑，背面塗上硬化劑。完成後
自然放乾。

07 黃銅圓珠針穿入隔珠、天然珍珠球、黃銅珠，並於尾端摺出9字圈。

08 將花瓣兩兩一組穿入C圈，組裝成三組。

09 分別依序組裝成雪山花。其中一組與珍珠球串在一起後，將花瓣翻至正面。

10 再依序串上另組花瓣，並將花瓣翻至正面。最後一組作法相同。於頂端的九字圈中穿入C圈。

11 皮繩穿入C圈後，兩端以夾環工具製作扣環，

12 組裝龍蝦釦和延長鏈。

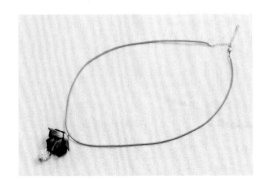

13 完成。

茶花項鍊

材料與工具

植鞣皮革 · 畫線筆 · 噴霧瓶 · 畫筆 · 拋光乳液 · 硬化劑 · 珍珠 · 黃銅圓球針 · 黃銅九字圈 · 黃銅花托 · 黃銅珠 · C形黃銅管 · U形五金 · 黃銅9針 · 圓皮釦環 · 皮繩 · 棉布 · 海綿 · LOGO銅片 · 圓口鉗 · 平口尖嘴鉗 · 剪鉗

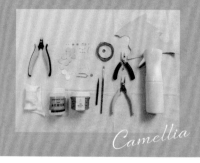

Camellia

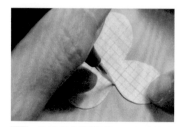

01 依茶花花瓣版型，以畫線筆畫在植鞣皮革上，共四片花瓣。

02 沿著畫線記號分別剪下。

03 以針狀圓斬於花瓣中心打洞。

04 將花瓣噴水後以手捏出自然花瓣的樣貌。

05 四片花瓣完成後，分別在正面以棉布塗上拋光乳液，背面以筆刷塗上硬化劑。

06 等待乾燥時，製作珍珠花蕊。將珍珠穿入黃銅圓珠針，一共製作六支。

07 擷取三支不同長度的珍珠花蕊,將尾端剪齊,並將尾端分別摺成九字圈。另三支作法相同。

08 以9針串上花蕊。

09 再分別穿上黃銅珠、黃銅花托、花瓣兩個。

10 再穿上銅花托、黃銅珠、C形黃銅管、黃銅珠。尾端剪短後作成九字圈。另一朵花可少去最後的C形黃銅管及黃銅珠。

11 將兩朵花穿在U形五金上。

12 於U形五金頂端裝上C圈,穿入LOGO銅片。最後穿入皮繩,加上圓皮釦環。

13 在皮繩兩端綁出兩個可調整長度的結。

14 將其中一端皮繩繞另一端繞兩圈,再將線端穿入兩個圈中,另一端作法相同。

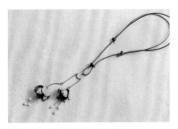

15 完成兩個結,即完成。

Cotton Necklace
開 朗 植 物 系 的 布 作 項 鍊

以植物為主題來表現布作項鍊，
靈感都是探尋自身邊事物：
孩子愛吃的水蓮、
公園種植的黃槐、
莫名生長出來的牽牛花、
台中的鈴蘭路燈，
這些創意發想的來源，
就在平凡的生活裡。

雪小板

每次只要針線在手,就會欲罷不能地一直縫下去,像是在為同學示範縫製針法時,我就不自覺地多縫了好幾針,這到底是什麼樣的魔力啊?

真的太享受那個創造的過程了!一片薄薄軟軟的布料,透過想像變成立體具象的物品,這樣的顯化過程實在令人著迷並充滿成就感。

我想跟你分享這份喜悅與感動,我們一起手作吧!

f 雪小板的手作空間　　　◎ 雪小板的手作空間　　　▶ 雪小板的手作空間

從身邊找到的手作靈感

在布藝創作的領域玩樂了十多年,除了拼布、洋裁、製包,我最喜歡的還是造型布作。像是利用布料創造各種圖案加在作品上(貼布繡),或是作成造型用品,例如:兔子帽、丼飯包、玫瑰花捲尺、櫻花鉤吻鮭筆袋⋯⋯

這次的布作項鍊,我以植物為主題來表現,靈感都是從身邊找到的,例如:女兒愛吃的水蓮、公園種植的黃槐、莫名生長出來的牽牛花、台中的鈴蘭路燈,這些創意發想的來源,就在平凡的生活裡呢!

而在這五件作品中,值得提到的部分是,每個款式幾乎都看不到布邊。我特意作造型翻光的設計,以這個最基礎的技法,變化各種姿態。未來要是弄髒想清洗,也不用擔心布料虛邊的問題!

雖然現今有很多印刷織物的擬真商品,但我更喜歡布料堆疊出來的層次感,用手觸摸的到針線細細刻畫的能量,希望能夠透過作品實實在在地傳送給您。

葉子項鍊

早上，我會去公園跑步，
公園內的植物，多是人類規劃好，特意種下的，
但有次我在矮樹叢間發現了這個驚喜，
一串牽牛花葉子，它攀附在一叢矮樹上。
若不是因為它開了幾朵小白花，我也不會注意，
心型的葉子，連接成一串，
非常適合作為項鍊的元素，
戴在身上也有種精靈般的氣息呢！

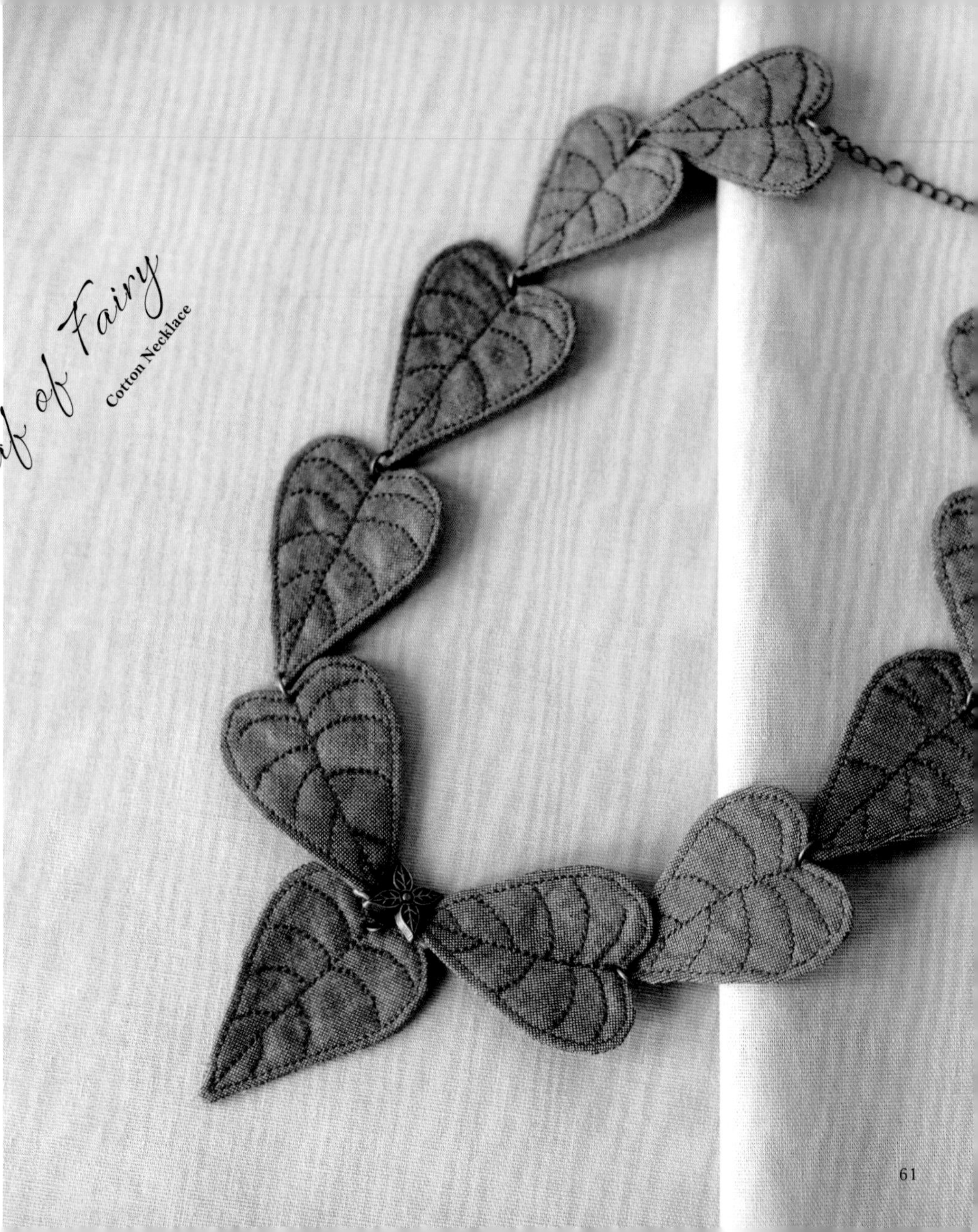
Leaf of Fairy
Cotton Necklace

Morning Glory

Cotton Necklace

牽牛花項鍊

我喜歡正面看牽牛花，
像是星星的圖形，十分可愛。
要將這個星星表現出來
可以運用拼接方式或貼布繡……
我的作法是類似拼布技法『教堂之窗』
利用正反布料的配色，翻摺出花心的星型！
原本是想作白色的，
但想讓人一眼就認出它是牽牛花，
所以還是先選擇紫色系搭配，
若喜歡這個星星圖案，
可以試試以自己偏愛的配色製作囉！

Sunshine Tree

黃槐項鍊

Cotton Necklace

公園中的植物，遠看，就是一團團花花綠綠的畫面，
但靠近細細端詳時，還是挺美的！
在公園中，黃槐顯眼的黃花，看來特別有朝氣，
它的黃色跟綠色，
是我平常畫畫時，很常使用的顏色。
溫暖有活力，很開朗，
雖然是這樣平凡的素材，但作成項鍊後，
反而有種海島度假風情。
跟洋裝、泳衣、草帽搭配拍照，
是非常吸睛的配飾。

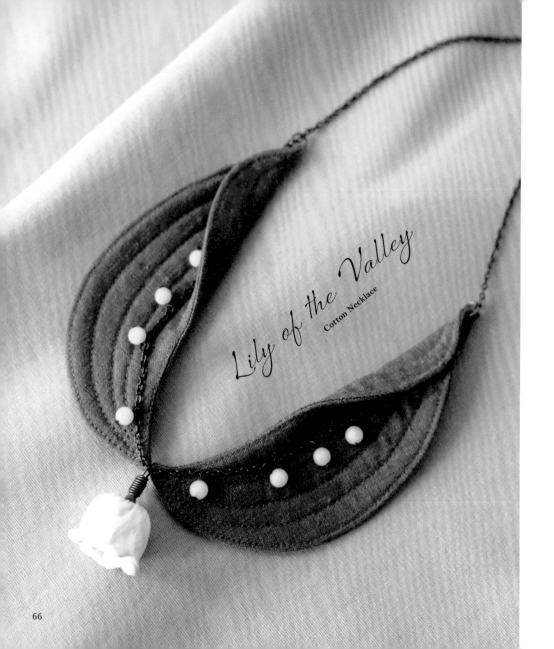

Lily of the Valley
Cotton Necklace

鈴蘭項鍊

這是書中我的五件創作中，
唯一沒有看過植物本人的品項。
第一次看到鈴蘭的創作品，是2007年去北海道小樽玻璃館，
我買了一小束玻璃鈴蘭，實在太美了！
我知道我這次不買，下次都不知道多久以後才會再來了！
但就像其他紀念品的命運一樣，
買回台灣後，就收在抽屜，鮮少再拿出來。
不過，當我騎車在台中舊市區，看到鈴蘭路燈時，
總是會使我想起在抽屜的它。

我知道有天我會用鈴蘭來創作，就是這次了！
一般的創作，鈴蘭通常是正擺，
但我想讓鈴蘭不只是一個圖案，而是項鍊的主體，
所以將它反著放，
兩片葉子的連接，像是領片一般，
跟衣服搭配，就更有趣了！

鈴蘭的花語是：『幸福歸來』，
凱特王妃的結婚捧花，也是選用鈴蘭。
希望戴上鈴蘭項鍊的你，也能擁有幸福及高雅的氣息。

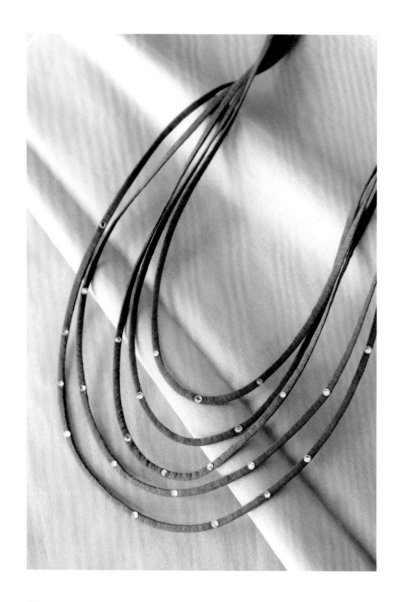

水蓮項鍊

水蓮，是女兒在各種蔬菜中，難得喜歡吃的一款。她七歲愛上，我則是快四十歲時，才第一次吃到。喜歡它爽脆的口感，也沒有什麼奇特的野菜味，有時簡單蒜炒、或是炒肉絲都非常好吃！

它的特色就是非常的長，一條水蓮能長到1.2至1.5公尺那麼長。在市場上通常是捲成一卷在賣，每次打開清洗時，我都會覺得像在洗一頭綠色假髮，也會掛在脖子上假裝成項鍊，長長短短的層次，以及它俐落的線條，實在是個很時尚的蔬菜。作品上的燙鑽是水滴的象徵，增加這串水蓮輕盈及高雅的感覺。

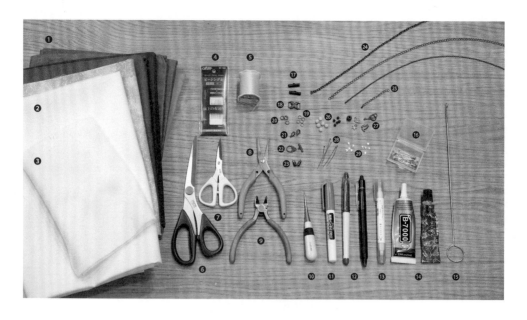

基本工具 ▶▶▶▶▶◀◀▶▶▶▶▶▶▶▶▶ ▶▶▶◀◀▶▶▶▶▶▶◀◀▶▶▶▶▶▶▶▶▶▶ ▶▶

1. 各色布料
2. 厚布襯
3. 單膠薄棉
4. 手縫針
5. 手縫線
6. 大布剪
7. 小布剪
8. 平口鉗

9. 斜口鉗
10. 錐子
11. 布用口紅膠
12. 熱消筆（擦擦筆）
13. 水消筆
14. 手藝用強力膠
15. 返裡針
16. 珠針

17. 緞帶夾
18. 緞帶環
19. 雙圈
20. 單圈
21. 龍蝦勾（韓國頭）
22. T扣
23. 彈簧繩夾
24. 各式古銅鍊條

25. 延長鍊
　　（可將鍊條剪一小段
　　用來製作）
26. 各式天然石珠
27. 各式青古飾品
28. T針
29. 燙鑽

水蓮項鍊 *White water snowflake*

材料

2.5cm 綠色橫布條：78cm、83cm、88cm、94cm、100cm，各 1 條。
燙鑽 27 顆（或依喜好點綴）
青古色五金：20mm 緞帶夾 2 個、延長鍊 1 條、6mm 雙圈 2 個、龍蝦鉤 1 個
★搭配的五金皆可依個人喜好隨意調整。

01 將布條對摺車縫（縫份0.5cm、針距0.2cm）。

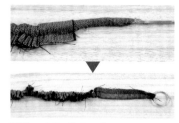

02 以返裡針將布條翻回正面並燙平整。

03 布條由短至長，依序排列疊整齊，（可以緞帶夾當作寬度參考）頭端以膠帶先作固定。

04 以熨斗慢慢燙出弧度。

05 另一側末端排列整齊，膠帶貼固定後，剪平。

06 兩端塗一點點膠，夾上緞帶夾。

07 以雙圈將兩個緞帶夾分別扣上龍蝦鉤及延長鍊。

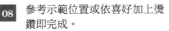

08 參考示範位置或依喜好加上燙鑽即完成。

葉子項鍊／原寸紙型 P.84

Leaf of Fairy

材料

綠色棉布、厚布襯
青古色五金：鍊子 1.5cm 2 條、5cm 1 條、6mm 雙圈 1 個、
4mm 單圈 1 個、7mm 單圈 12 個、造型小吊飾 1 個、緞帶環 1 個

★搭配的五金皆可依個人喜好隨意調整。

01 依紙型在厚布襯描出所需的葉子數量並剪下。

02 將厚布襯燙在綠色棉布背面。

03 取另一片棉布兩片正面相對，留2cm返口，沿布襯邊車縫一圈。

04 留0.5cm縫份將葉子剪下，縫份圓弧處及凹處需剪牙口，尖角處修掉多餘縫份。

05 由返口翻回正面，利用筷子、錐子確實整形、燙平。

06 畫上葉脈，先車縫0.2cm臨邊線，再車縫葉脈。完成4片小葉子及7片大葉子。

07 以錐子在葉片上鑽洞，再以單圈連接。

08 項鍊中心如圖加上緞帶環，如無可找類似款式或加上其他吊墜或省略。

09 如圖加上五金即完成。

牽牛花項鍊／原寸紙型 P.83

Morning glory

材料

三塊不同層次的紫色布料（花）、綠色布（葉子）、黃色布（花心）、奇異襯。
青古色五金：鍊子 18cm1 條，16cm1 條、7mm 單圈 4 個、T 釘項鍊頭 1 組
★搭配的五金皆可依個人喜好隨意調整。

01 三色布料自由搭配，兩色一組，正面相對。背面依紙型描線後，留返口車縫一圈。

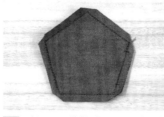

02 留 0.5cm 縫份剪下，修剪尖角多餘縫份後，由返口翻回正面並整燙。

03 以奇異襯描下花心輪廓，粗略剪下後燙在黃布背面；再沿記號線剪下，撕下背紙後，燙在花心並壓縫裝飾線。

04 將五個角向內摺，沿著星星形狀壓線固定。完成大中小三個。

05 葉子作法與 p.74【葉子項鍊】的葉片相同。

06 將花朵與葉子排好位置後，以口紅膠固定，再翻到背面，重疊處以藏針縫固定。

07 在葉子上鑽洞，以單圈固定鍊子及T釦即完成。

藏針縫作法

01 單線穿針打結後，離起縫處約1cm入針，起始點出針後，稍微用力拉扯將線頭藏入，由另一片布的對稱點入針，往前約0.3cm出針，再縫回另一片的對稱點入針；如此反覆動作，將重疊部分縫牢固。

02 線拉緊後，就看不見痕跡，打結後，縫向另一側對稱點，往前約1至2cm處出針，稍微用力拉扯線頭就藏進布裡，剪線即完成。

77

鈴蘭項鍊／原寸紙型 P.84

Lily of the valley

材料

白色布（花）、綠色布（葉子）、單膠薄舖棉、7mm 白珠子 8 個
青古色五金：鍊子 57cm1 條、7mm 單圈 3 個、
6mm 雙圈 2 個、T 針 8 個、龍蝦鉤 1 個、延長鍊 1 條、彈簧繩夾 1 個
★搭配的五金皆可依個人喜好隨意調整。

01 取花朵紙型描在白布背面，外加縫份剪下。其中一片白色布背面燙不含縫份的薄棉。

02 兩片布正面相對，先沿曲線縫合，剪牙口後攤開，對摺車縫側邊。

03 翻到正面型成筒狀。

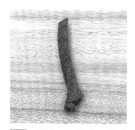

04 製作 5cm 花莖，作法與水蓮相同（布料尺寸：2.5×5cm），末端打結備用。

05 如圖以平針縫縫花筒底部一圈，再放入花莖後拉緊縫線，繞多圈固定。

06 翻到正面加上繩夾固定備用。

07 依紙型製作葉子，作法跟之前都一樣，但是將厚布襯改成舖棉，增加葉子厚度。

08 兩片葉子以單圈連接，再勾上鈴鐺花與鍊子中心的洞。

09 如圖再以T針勾上珠子，葉子兩端鑽洞，以單圈連接鍊子及葉子。

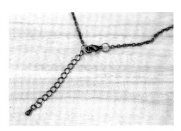

10 如圖將葉子捏起，以藏針縫縫合一段。

11 鍊子末端以雙圈加上鉤頭及延長鍊即完成。

黃槐項鍊／原寸紙型 P.85

Sunshine tree

材料

黃色布（花）、綠色布（莖）2.5cm 寬 50cm 長 2 條、
綠色布（葉子、花萼）依照紙型準備、單膠薄鋪棉、4mm 紅珠子 6 個
青古色五金：大孔古銅珠 2 個、7mm 單圈 2 個、彈簧繩夾 2 個
★搭配的五金皆可依個人喜好隨意調整。

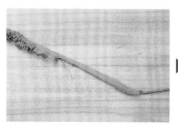
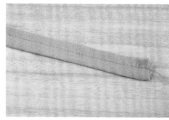

01 與 p.72 水蓮布條作法相同，將布條對摺後，車縫0.5cm處，製作0.7cm 寬的布條。

02 取葉子紙型描在布料背面，兩塊布正面相對，留返口車縫一圈。

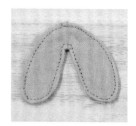

03 剪牙口，翻回正面壓臨邊線，三款葉子各製作2片。

04 依序排列葉子，略微重疊，與完成的布條以口紅膠固定。布條壓線，同時固定葉子。

05 將葉子這頭的布條留2cm套入繩夾固定，另一頭套入大孔珠，末端摺兩褶，原地鋸齒縫車縫固定。（針幅設定5.0、針距0.0）

06 製作花朵：左右兩朵(a)的花及花萼留返口車縫一圈，翻回正面。中間三朵（b、c）是車縫圈後，將兩層布料拉開，其中一片剪一小洞作為返口，將形狀翻出。

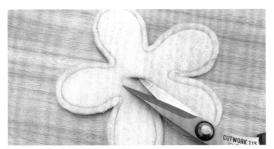 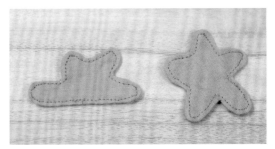

07 中心主花(c)花及花萼，請燙上舖棉後再車縫。

08 將花萼翻回正面後壓邊線。

09 將花朵對摺後，包上花萼，車縫固定。

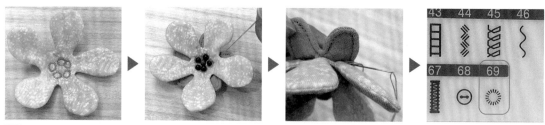

10 將主花中心以縫紉機花樣車縫花心後，縫上紅珠子，再與花萼重疊，以藏針縫固定一圈。
若手上的縫紉機無相同花樣，可以自由曲線壓出圈圈形狀即可。

11 五朵花依序排列（a - b - c - b-a），以口紅膠固定，再以藏針縫固定。

12 左右兩朵花瓣上鑽洞，以單圈連接花莖繩夾。

13 將布條打個蝴蝶結即完成。

原寸紙型 ▶▶▶▶◀▶▶▶▶▶▶▶◀◀▷▷▷▶▶◁▷▷▷◁◁▷▷▷◀▶▶▷◁▷

作品圖案皆為原寸紙型，不含縫份。製作時，請外加縫份 0.5cm

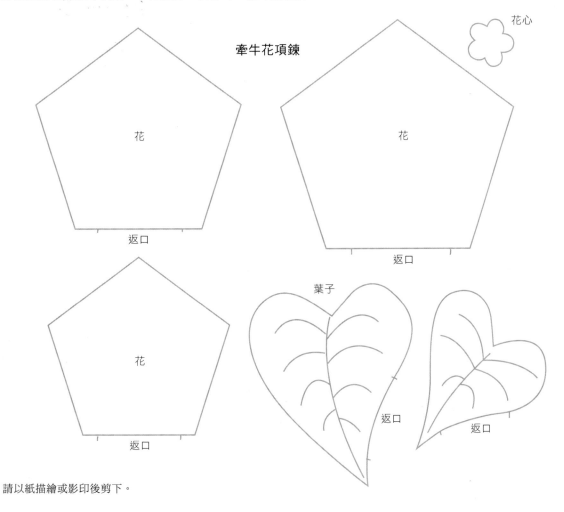

牽牛花項鍊

花心

花

花

花

花

返口

返口

返口

葉子

返口

返口

請以紙描繪或影印後剪下。

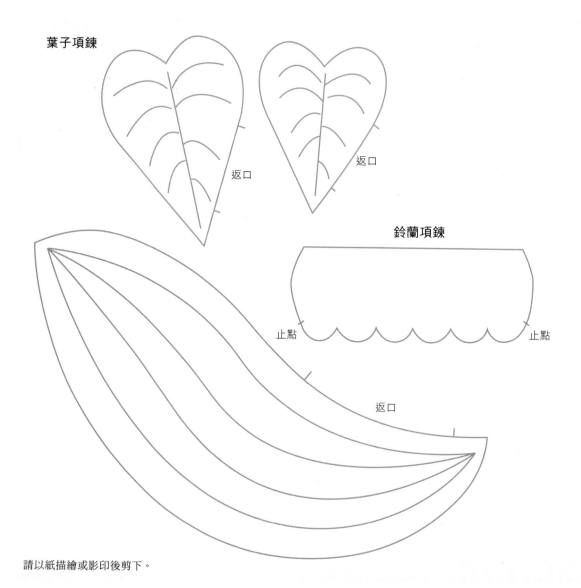

葉子項鍊

返口

返口

鈴蘭項鍊

止點

止點

返口

請以紙描繪或影印後剪下。

黃槐項鍊

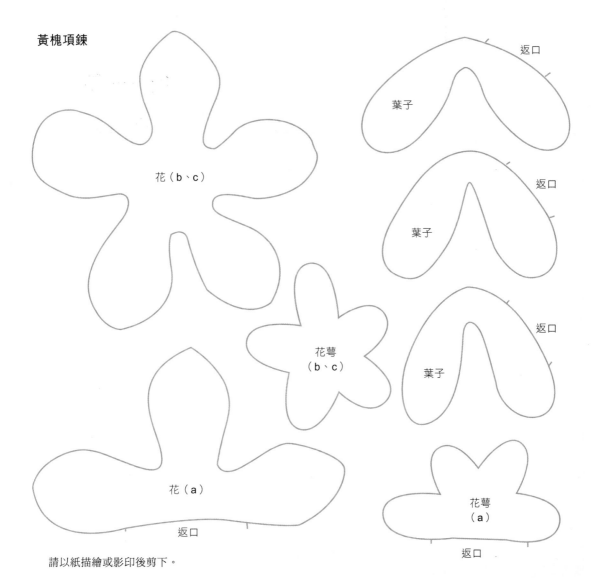

花（b、c）

葉子

返口

葉子

返口

花萼
（b、c）

葉子

返口

花（a）

返口

花萼
（a）

返口

請以紙描繪或影印後剪下。

Bead Embroidery Necklace
甜 美 夢 幻 系 的 珠 繡 項 鍊

將手中晶瑩剔透的串珠，
搭配質地精緻的亮片，
製成美麗的手作項鍊。
透過簡單的技法，
從中收穫成就感，
一點一滴地拼湊生活中的小小美好，
亦為穿搭日常增添樂趣。

Profile

RUBY小姐

陳慧如

📘 八色屋拼布‧彩繪教室

拼布資歷30年，彩繪專研，刺繡創作職人。現為「八色屋拼布.彩繪教室」負責人。具有日本普及協會第一屆拼布、機縫指導員、彩繪、刺繡講師、日本生涯協議會英國刺繡指導員等資格，另有日本もく mama彩繪、森初子歐風彩繪、仁保彩繪、白瓷彩繪、ANGE四人彩繪、Zhostovo俄羅斯彩繪、日本AUBE不凋花講師、日本植物標本等師資課程。

著有《布可能！拼布、彩繪、刺繡在一起》一書、《耳環小飾集：人氣手作家の好感選品25》（合著）、《胸針小飾集：人氣手作家的自然風質感選品》（合著）。

因喜愛而進入了手作世界，近年亦吸引香港、澳門等海外學生前來學習。

偶然發現的閃亮之美

Creative Ideas

　　一直以來閃亮的飾品配件，並不太吸引我，在一個偶然的機會加入在手作中，才開始慢慢的欣賞她，漸漸的也愛上珠繡。

　　而後看了些展覽，認識了這一個深奧的藝術！讓愛嘗試新鮮事的我，又多了一個探索的世界。

　　將晶瑩剔透的串珠，質地精緻閃亮的亮片，製成一串串美麗的項鍊，透過簡單的技法，便能輕鬆完成，成就感十足。

　　生活中的美好，透過這些充滿樂趣的小物，一點一滴的拼湊，也能為日常的穿搭增添許多樂趣，希望透過小小的作品，邀您跟我一起愛上珠繡！

Heart-shaped
Bead Embroidery Necklace

90

心的微笑項鍊

生活真的不簡單，
但心可以更簡單，
用心享受著喜愛的事物，
感受最美好的當下，
心就會越來越飛揚！

Branches and Leaves
Bead Embroidery Necklace

枝與葉項鍊組

（枝）知足常樂

雖然不起眼，卻是扮演著重要的角色，
小小可愛的你，總是能療癒我！

葉生活

花園裡，總會有我的蹤影，
不一定要繽紛絢麗，但一定要有自己的顏色。

Geometric Style

Bead Embroidery Necklace

94

幾何時尚項鍊組

時尚的型

隨心所欲的幾何線條，
就是經典。
讓時尚一直伴隨在你身邊。

圓舞曲

簡單的事重複作，一層一層，有粗有細，
不同表情的變化，最單純，
也是最美、最真實的樣子！

R *necklace*

Bead Embroidery Necklace

生命中的專屬字母

Relax
就像是陽光般的擁抱。

Romantic
就算是雨天也能不孤單。

Remember
保留了我們最美好的時光。

Little Joys
Bead Embroidery Necklace

幸運小物項鍊組
夢的拼圖

日子是由許多手作連結而成，

有青春、歡笑，回憶……

不論過程如何，

都是獨一無二的人生拼圖。

幸運小物項鍊組
心之所向

鑰匙，像是能夠開啟
一道一道未知的門，
帶領我們尋找幸福，
心之所向。

材料與工具

基本工具

1. 金蔥線、銀蔥線
2. 珠繡縫線
3. 珠針
4. 珠繡針
5. 布剪
6. 白膠
7. 線剪
8. 圓嘴鉗
9. 針筆
10. 水消筆

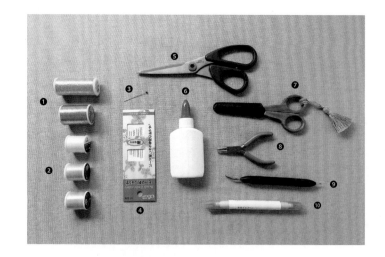

基本材料

1. 串珠
   丸小、丸特小、
   角小、3mm 油珠

2. 亮片
   4mm、5mm 平面、
   4mm 平面壓紋

3. 管珠
   3mm、6mm

4. 爪鑽

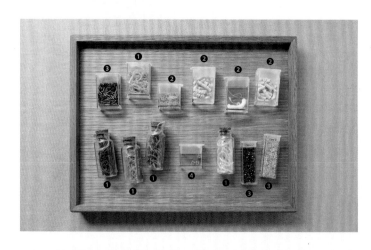

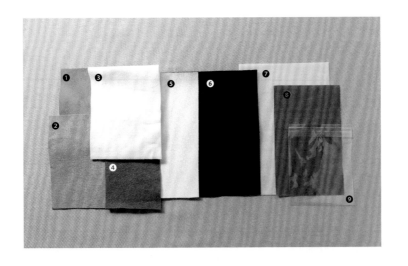

基本材料

1. 薄合成皮革
2. 各色不織布
3. 各色不織布
4. 各色不織布
5. 薄合成皮革
6. 薄合成皮革
7. 描圖紙
8. 布用轉寫紙
9. 透明塑膠袋

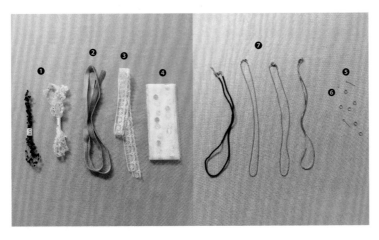

基本材料

1. 特殊線材
2. 緞帶
3. 蕾絲
4. 蕾絲
5. 9 針
6. 圈圈
7. 各式鍊子

01　將圖稿與不織布以珠針固定，中間加入轉寫紙。針筆描圖時，在圖稿上方放置透明玻璃紙較易描圖。

02　完成描圖。

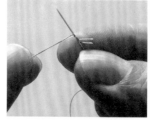

01　以雙線打結。

02　將針放在右手，左手拉線，線在針上繞兩圈後，將針輕輕拔起。

03　打結完成。

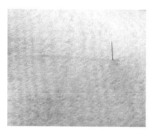

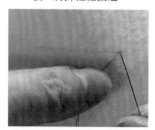

04　起針：在出針附近，串珠可以遮住處。

05　以0.2cm至0.3cm針距入針。

06　縫1至2針的止針，防止脫落。刺繡結束時，在背面作止針並打結。

小提醒

建議製作時亦可以3針為一個單位，再回兩針。遇到弧度時，可一顆一顆的縫。

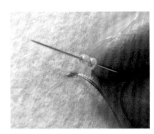

01 以2顆為一個單位，以針穿過2顆串珠。

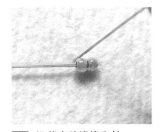

02 沿著串珠邊緣入針。

03 從第1、2顆串珠中間出針。

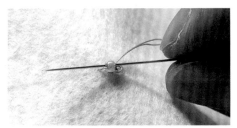

04 將針穿過第2顆串珠，即進行一針回針。

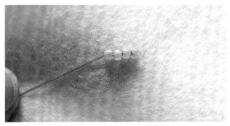

05 接著再穿入2顆串珠。

06 重複步驟1至步驟4。

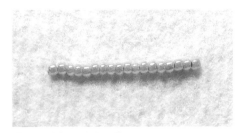

07 完成雙珠連續刺繡。

01 留最後一顆位置不縫。

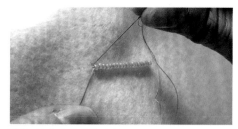

02 沿著串珠邊緣入針。

03 以串珠外側邊為另一方向的起針點，轉角才能確實呈現。

04 以2顆為一個單位，以針穿過2顆串珠。沿著串珠邊緣入針。

05 從第1、2顆串珠中間出針。進行1顆串珠的回針。

06 完成轉角的刺繡。

01 以雙線穿入6mm管珠。

02 沿著管珠邊緣入針。

03 從起針處出針。

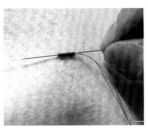

04 將針線穿入管珠，進行一針回針。

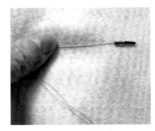

05 再穿入第2顆管珠。

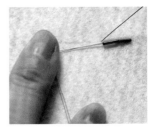

06 沿著管珠邊緣入針。

07 進行1顆管珠長度的回針。

08 重複步驟1至步驟7，完成管珠刺繡。

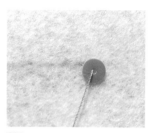

01 使用單線，第一片從亮片背面穿針。

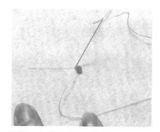

02 在亮片邊緣入針。

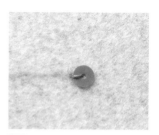

03 亮片邊緣入針。

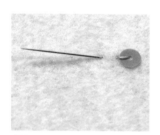

04 在約亮片半徑處（可更短）出針。

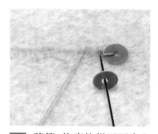

05 將第2片亮片從正面穿入，在第1片邊緣入針。

06 將第2片亮片翻至正面。

07 重複步驟4至步驟6。

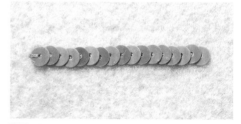

08 完成亮片連續刺繡。

01 在另一方向亮片內側處起針，針線穿入亮片正面。

02 在亮片轉角處（最後一針）入針。

03 轉角處入針。

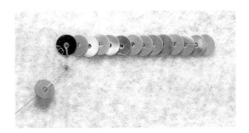

04 將亮片翻至正面，與另一方向亮片一樣齊。在約亮片半徑處（可更短）出針，並穿入第2片亮片正面。

05 在第一片邊緣入針。將第2片亮片翻至正面。重複步驟1至步驟4。

06 完成亮片轉角刺繡。

01 結束時，在倒數第二針停止。

02 如圖倒數第二針停止。

03 從第一片亮片的下方出針。

04 穿入亮片正面，在倒數第二片亮片邊緣入針。

05 完成最後一片亮片。

06 重疊於第一片亮片下方。

07 完成圓形亮片連續繡。

半立體狀

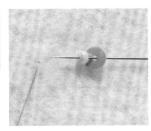

01 將亮片及串珠依序穿入針線。

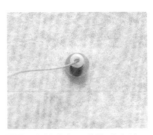

02 將針線穿入亮片及串珠。

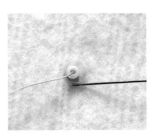

03 沿著亮片邊緣入針，呈現半立體的感覺。

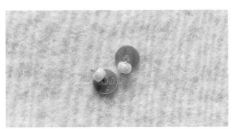

04 重複步驟1至步驟3，不規則地縫製。

05 重複步驟1至步驟4，自由地填滿圖樣。

立體狀技法

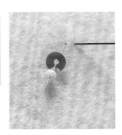

01 將亮片及串珠依序穿入針線，在出針口約0.2cm處入針。

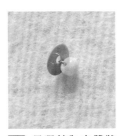

02 呈現較為立體狀的感覺。

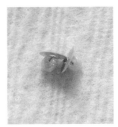

03 不規則地自由縫製固定亮片及串珠。

04 完成立體感的亮片串珠。

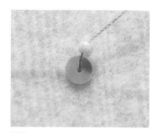

01 將亮片及串珠依序穿入針線。

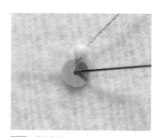

02 從亮片中間入針固定串珠。

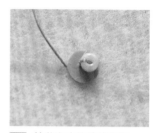

03 接著在亮片邊緣出針。

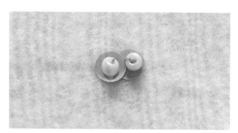

04 重複步驟1至步驟3。

05 完成亮片加串珠連續繡。

基礎作品製作方法

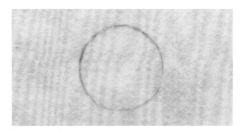

01 參照圖案複寫完成描圖。

02 依照線稿圖示完成刺繡。

03 沿著作品邊緣修剪多餘的不織布。

04 作品主體完成。

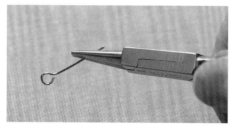

05 以圓嘴鉗固定9針。

06 將9針摺出另一個小圓圈。

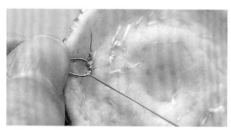

07 以縫線將9針固定於背面。

08 準備約10cm的蕾絲。

09 以縫線將蕾絲以平針縫縮縫。

10 縮縫至約3cm長度後,打結固定。

11 將蕾絲，特殊線材，串珠等縫製固定於正面。

12 將背面塗滿白膠，邊緣處可稍稍多一點點。

13 將主體作品固定黏在合成皮的背面。

14 沿著作品邊緣，修剪多餘的合成皮。

15 修剪完成。

16 作品即完成。

P.94 幾何時尚項鍊組——圓舞曲

材料

串珠、縫線、不織布、特殊線材、
蕾絲10cm、皮革、9針、圈圈。

串珠：角小／金色，
　　　丸小／白、珍珠白、淺綠。
管珠：3mm
亮片：4mm平面
油珠：3mm

圖案

❶ 串珠連續繡：角小／金色
❷ 串珠連續繡：丸小／白
❸ 亮片連續繡：4mm平面／白色
❹ 亮片＋串珠連續繡：4mm平面／白色＋丸小／白
❺ 管珠＋串珠連續繡：3mm管珠＋丸小／淺綠
❻ 串珠連續繡：3mm油珠
❼ 串珠連續繡：丸小／珍珠白
❽ 亮片連續繡：4mm平面／珍珠白
※蕾絲縮縫＋特殊線＋3mm油珠固定裝飾

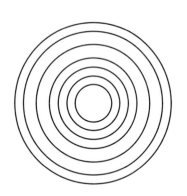

原寸紙型

請以紙描繪或影印後剪下

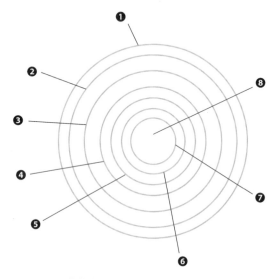

※蕾絲縮縫＋特殊線＋3mm油珠固定裝飾

P.94 幾何時尚項鍊組——時尚的型

材料

材料：串珠、縫線、
　　　不織布、蕾絲、
　　　皮革、9針、圈圈。

串珠：丸小／黑色，
　　　金色，珍珠白。
亮片：粉4mm平面，
　　　透明5mm平面，
　　　平面壓紋4mm。

圖案

❶ 串珠連續繡：丸小／黑色
❷ 亮片連續繡：5mm平面／透明
❸ 亮片＋串珠半立體繡：
　　4mm平面／粉紅＋丸小／金色
❹ 串珠連續繡：丸小／珍珠白
❺ 亮片連續繡：4mm平面壓紋
❻ 蕾絲縮縫＋3mm油珠

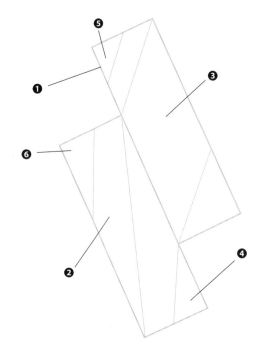

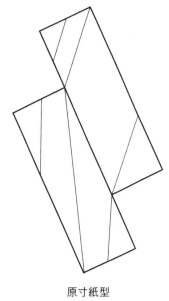

原寸紙型

請以紙描繪或影印後剪下

P.92 枝與葉項鍊組——葉生活

材料

串珠、縫線、不織布、
皮革、9針、圈圈。

串珠：丸小／銀色、深藍、
　　　淺藍、綠色。
管珠：6mm綠色。
亮片：4mm平面壓紋。
爪鑽

圖案

❶ 管珠＋串珠連續繡：6mm管珠＋丸小／綠
❷ 串珠連續繡：丸小／銀色
❸ 亮片連續繡：4mm平面壓紋／淺藍
❹ 串珠連續繡：丸小／深藍、淺藍
❺ 爪鑽

原寸紙型

請以紙描繪或影印後剪下

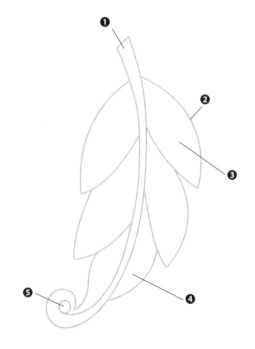

P.92 枝與葉項鍊組——（枝）知足常樂

材料

材料：串珠、縫線、不織布、
　　　特殊線、皮革、9針、圈圈。

- -

串珠：丸小／淺綠、深綠、透明
　　　角小／黃色。
油珠：3mm
管珠：3mm金色、銀色。
米白珠：3mm

圖案

❶ 串珠連續繡：丸小／透明
❷ 串珠連續繡：丸小／淺綠
❸ 管珠連續繡：3mm管珠／金色、銀色
❹ 串珠連續繡：角小／黃色，丸小／深綠
❺ 油珠：3mm
※特殊線材固定裝飾。

❶
❹
❷
❸
❺

※特殊線材固定裝飾。

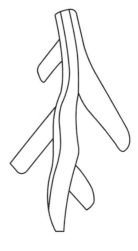

原寸紙型

請以紙描繪或影印後剪下

P.90 心的微笑項鍊

材料

材料：串珠、縫線、不織布、
　　　蕾絲、皮革、9針、
　　　圈圈。

串珠：丸小／銀、白、
　　　深藍、淺藍。
亮片：白5mm、藍4mm
油珠：3mm

圖案

❶ 串珠連續繡：丸小／銀色
❷ 串珠連續繡：丸小／白
❸ 亮片＋串珠連續繡：
　　5mm平面／珍珠白＋丸小／淺綠
❹ 亮片＋串珠連續繡：
　　4mm平面／藍色＋丸小／淺藍
❺ 串珠連續繡：丸小／深藍
※尾端用蕾絲＋3mm油珠裝飾。

原寸紙型

請以紙描繪或影印後剪下

※尾端用蕾絲＋3mm油珠裝飾。

P.96 生命中的專屬字母

材料

材料：串珠、縫線、不織布、
　　　皮革、9針、圈圈。

- -

串珠：丸小／銀色、珍珠白
亮片：**4mm平面**／珍珠白

圖案

❶ 串珠連續繡：丸小／銀
❷ 亮片連續繡：4mm平面
❸ 串珠連續繡：丸小／珍珠白

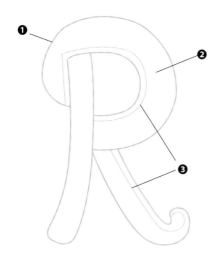

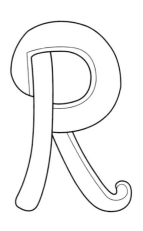

原寸紙型

請以紙描繪或影印後剪下

P.98 幸運小物項鍊組——夢的拼圖

材料

材料：串珠、縫線、不織布、
　　　皮革、9針、圈圈。

- -

串珠：角小／黑色，
　　　丸小／珍珠白、黑色，
　　　丸特小／金色
亮片：4mm平面／珍珠白

圖案

❶ 串珠連續繡：角小／黑色
❷ 串珠連續繡：丸小／銀色
❸ 亮片＋串珠立體繡：
　　4mm平面／珍珠白＋丸小／珍珠白
❹ 單顆珠刺繡：丸特小／金色

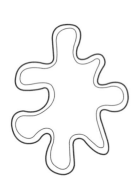

原寸紙型

請以紙描繪或影印後剪下

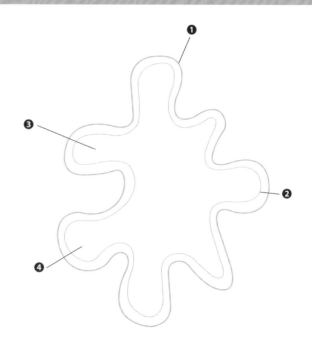

P.98 幸運小物項鍊組——心之所向

材料

材料：串珠、縫線、不織布、緞帶、
　　　皮革、9針、圈圈。

- -

串珠：丸小／粉紅、珍珠白、
　　　透明、銀色、珍珠白。
油珠：**3mm**
亮片：**4mm／粉紅**
爪鑽

圖案

❶ 串珠連續繡：丸小／銀
❷ 串珠連續繡：丸小／珍珠白
❸ 亮片連續繡：4mm平面／粉紅
❹ 串珠連續繡：丸小／粉紅
❺ 串珠連續繡：九小／珍珠白、透明
❻ 串珠連續繡：丸小／珍珠白
❼ 油珠：3mm
❽ 爪鑽

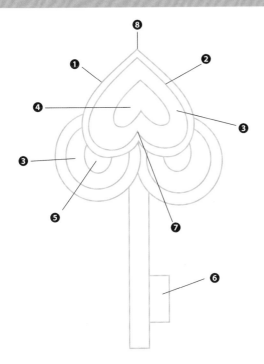

原寸紙型

請以紙描繪或影印後剪下

THE HAND MADE MARKET 手作小市集 3

項鍊小飾集
人氣手作家の植感選品 20

作　　　者／暖果・孃孃・雪小板・RUBY 小姐
發　行　人／詹慶和
執 行 編 輯／劉蕙寧・黃璟安
編　　　輯／陳姿伶・詹凱雲
封 面 設 計／韓欣恬
美 術 編 輯／陳麗娜・周盈汝
內 頁 排 版／韓欣恬
攝　　　影／Muse Cat Photography 吳宇童
服 裝 提 供／溫室 Studio Wens
模　特　兒／省子
出　版　者／雅書堂文化事業有限公司
發　行　者／雅書堂文化事業有限公司
郵政劃撥帳號／18225950
戶　　　名／雅書堂文化事業有限公司
地　　　址／新北市板橋區板新路 206 號 3 樓
電　　　話／(02)8952-4078
傳　　　真／(02)8952-4084
網　　　址／www.elegantbooks.com.tw
電 子 郵 件／elegant.books@msa.hinet.net

2024 年 02 月初版一刷　定價 380 元

國家圖書館出版品預行編目(CIP)資料

項鍊小飾集：人氣手作家の植感選品20 / 暖果・孃孃・雪小板・RUBY小姐著. -- 初版. – 新北市：雅書堂文化, 2024.02
　　面；　公分. -- (手作小市集; 03)
ISBN 978-986-302-682-2 (平裝)
1.裝飾品 2.手工藝

426.9　　　　　　　　　　　　　112012422

經銷／易可數位行銷股份有限公司
地址／新北市新店區寶橋路 235 巷 6 弄 3 號 5 樓
電話／(02)8911-0825　傳真／(02)8911-0801